钩编圆滚滚的可爱玩偶 × 抱枕

日本 E&G 创意 / 编著

蒋幼幼 / 译

中国纺织出版社有限公司

目录 contents

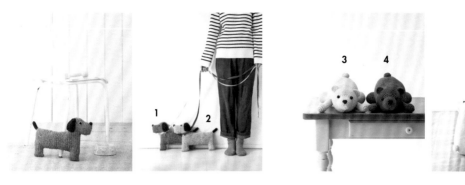

企鹅 p.20, 21

小鸟 p.22, 23

鲸鱼 p.24, 25

水果 p.26, 27

甜甜圈 p.28, 29

仙人掌 p.30

小房子 p.31

3

［配色线的换线方法］

配色花样

加入配色线

第1行

钩织起始针时，连同配色线一起挑针，将其包卷在同一针里钩织短针。

将编织线换成配色线

参照步骤1，一边将配色线包卷在同一针里，一边用主色线（藏青色）钩织2针短针和1针未完成的短针（参照 p.61），接着将配色线（黄色）挂在针头引拔。

编织线换成配色线后的状态。

参照步骤3的箭头所示，连同主色线一起挑针，一边将主色线包卷在同一针里一边用配色线钩织1针短针。

将编织线换成主色线

接着钩织1针短针和1针未完成的短针。将主色线挂在针头引拔。

编织线换成主色线后的状态。

往返钩织

※下一行换成配色线钩织的情况

先用主色线（藏青色）钩织，在换成配色线的前一行最后钩织未完成的短针（参照 p.61）。将配色线（黄色）挂在针头引拔。

编织线换成配色线后的状态。

环形钩织

※下一圈换成配色线钩织的情况

钩1针锁针作为下一行的起立针（立起的锁针）。

先用主色线钩织，在一圈的起始针里做引拔时，将主色线（藏青色）挂在针上，再将下一圈的编织线（黄色）挂在针头。

拉出针头的配色线，将编织线换成配色线。

钩1针锁针作为下一圈的起立针（立起的锁针）。

［零部件的缝合方法］

（正面）

将零部件的线头穿在缝针上，在缝合位置入针。

在零部件的织物上出针。

在底部织物上挑针固定。

重复步骤2、3进行缝合。上图为缝好眼睛后的状态。

・为了便于理解，此处使用不同颜色和种类的线进行说明

［组合方法］

卷针缝合全针的情况

1 将织物正面朝外对齐，缝针从边针穿入。

2 在相同针脚里再穿1次针。

3 从下一针开始，在织物对应的每个针脚里穿1次针进行缝合。

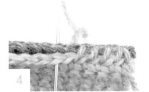

4 缝合数针后的状态。

缝合终点

5 缝合终点与缝合起点一样穿2次线。

线头的处理

6 将织物翻至反面，在2~3cm的缝合针脚里穿针，再剪掉多余的线头。

卷针缝合内侧半针的情况

1 将织物正面朝外对齐，在边针的内侧半针里穿入缝针。

2 参照全针的缝合要领，在内侧半针里穿针缝合。图片为缝合数针后的状态。

行与行的缝合

1 对齐织物，分别在两个边针的针脚穿针。

2 在相同针脚里再穿1次针。

3 从下一行开始，两片织物对应的每个针脚里穿1次针进行缝合。

4 缝合数行后的状态。

［引拔针锁链的钩织方法］

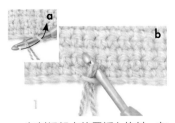

1 在刺绣起点位置插入钩针，在针头挂线(a)，引拔(b)。

2 在下一个引拔位置插入钩针，在针头挂线。

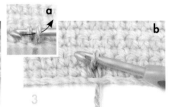

3 将针头的线拉出至织物的正面(a)，再穿过针头的线圈(b)。

4 继续钩织数针引拔针后的状态。

重点教程

[小狗腿部的起针方法]

1
头部钩织 12 圈后，取下钩针。将线圈拉大，右手从线圈伸入拉出线团。

2
拉动编织线收紧线圈。

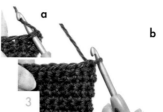

3
在编织图解中接线位置的针脚里插入钩针，将编织线挂在针头（**a**），引拔（**b**）。

4
接着钩出24针锁针后的状态。

[兔子尾巴小绒球的制作方法]

1
准备 4.5cm 宽的厚纸（小绒球的直径 4cm+0.5cm），在中间剪出一条缺口。绕上 45 圈线。

2
在缺口里穿入另一条线，打个单结。

3
再打1个单结，如箭头所示将左手的线头穿入打结的线圈中。

4
拉紧线头。

5
用剪刀剪开成束的线环。

完成图

6
修剪线头整理形状。

[仙人掌小花的钩织方法]

第1圈的钩织终点

1
第 1 圈钩织短针。在起始针脚里做引拔时，将第 2 圈的编织线（藏青色）挂在针头。

2
拉出针头的线，将编织线换成藏青色线。

第2圈

3
钩9针锁针。

4
在第1圈的内侧半针里引拔。1片花瓣完成后的状态。

5
接着钩织第 2 片花瓣，在第 1 圈的内侧半针里引拔 1 针，钩 9 针锁针，再在同一个针脚里引拔 1 针。

6
重复步骤 5 的要领，一共钩织 8 片花瓣。第 2 圈完成后的状态。

[仙人掌中编织花样的钩织方法]

第3圈

7

钩织第3圈时，在第1圈剩下的外侧半针里引拔1针后钩11针锁针。

8

在同一个针脚里钩1针引拔针。1片花瓣完成后的状态。

9

重复步骤7和8，一共钩织8片花瓣。小花完成后的状态。

1

用主色线钩织至第6圈的编织花样位置。参照"配色线的换线方法：配色花样"（p.4），将编织线换成配色线，钩织1针短针和2针锁针。

2

参照步骤1的箭头，在短针头部的半针和针脚的1根线里插入钩针，将配色线挂在针上，再在针头挂上主色线。

3

拉出针头的主色线，将编织线换成主色线。

4

在前一圈的针脚和配色线里一起挑针（参照箭头所示），在针头挂上主色线。

5

将配色线包卷在同一针里，用主色线钩织短针。重复编织花样继续钩织。

第7圈的钩织方法

6

钩织至前一圈的编织花样位置，用主色线在配色线的短针里钩织1针短针。

7

将2针锁针的狗牙针翻向内侧，用主色线在步骤6的箭头所示位置钩织短针。

[绵羊中编织花样的钩织方法]

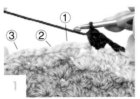

①②③

1

钩织至第37圈的减针位置。

2

在①的针脚里插入钩针，在针头挂线。

3

拉出针头的线。接着从②的针脚里拉出线后的状态。

4

按相同要领从③的针脚里拉出线圈，再在针头挂线。

5

将步骤4中针头上的线拉出后的状态。

6

钩织下一个编织花样（3针中长针）。

小狗

制作方法　p.34
设计&制作　冈真理子

小狗身上混染色调的纹理很
是可爱。在脖子上系一条缎带
作装饰也丝毫没有违和感。

1

2

3

4

小熊

制作方法　p.36

　设计&制作　大町真希（Maki Oomachi）

两头小熊圆滚滚的造型软萌可爱，作为礼物送人再合适不过了。

5

6

兔子

制作方法　p.38
设计&制作　冈真理子

迷人之处是那长长的耳朵。不要
忘记制作小绒球当尾巴哦!

猫咪

制作方法　p.40
设计&制作　小松崎信子

使用不同的线和针号钩织了
一对亲子猫咪。脸部的表情很
是有趣，蓝色的眼睛更是令人
印象深刻。

绵羊

制作方法　p.42
设计&制作　池上舞

9

编织花样呈现出了绵羊毛茸
茸的感觉。灰色和原白色，两
只小绵羊可爱得让人忍不住
想摆放在一起。

10

刺猬

制作方法　p.44
设计&制作　大町真希（Maki Oomachi）

11

12

形象逼真的小刺猬是用合股
线钩织的，呈现出了微妙的纹
理变化。

企鹅

制作方法　p.46

　设计&制作　池上舞

13

14

15

16

小鸟

制作方法　p.49

　设计&制作　小松崎信子

设计简单的两只小鸟摆放着
作装饰也很可爱。另外按编织
花样钩织了漂亮的翅膀。

鲸鱼

制作方法　p.50
设计&制作　河合真弓

腹部的条纹花样在漂亮的深蓝色映衬下格外引人注目。作为海洋"团宠"的鲸鱼放在家里也会人见人爱。

18

19

水果

制作方法　p.52

　设计&制作　川路由美子

20

织物光是放在那里就感觉瞬间
明亮了不少。水果的颜色与室
内陈设形成鲜明的对比。

甜甜圈

制作方法　p.54
设计&制作　芹泽圭子

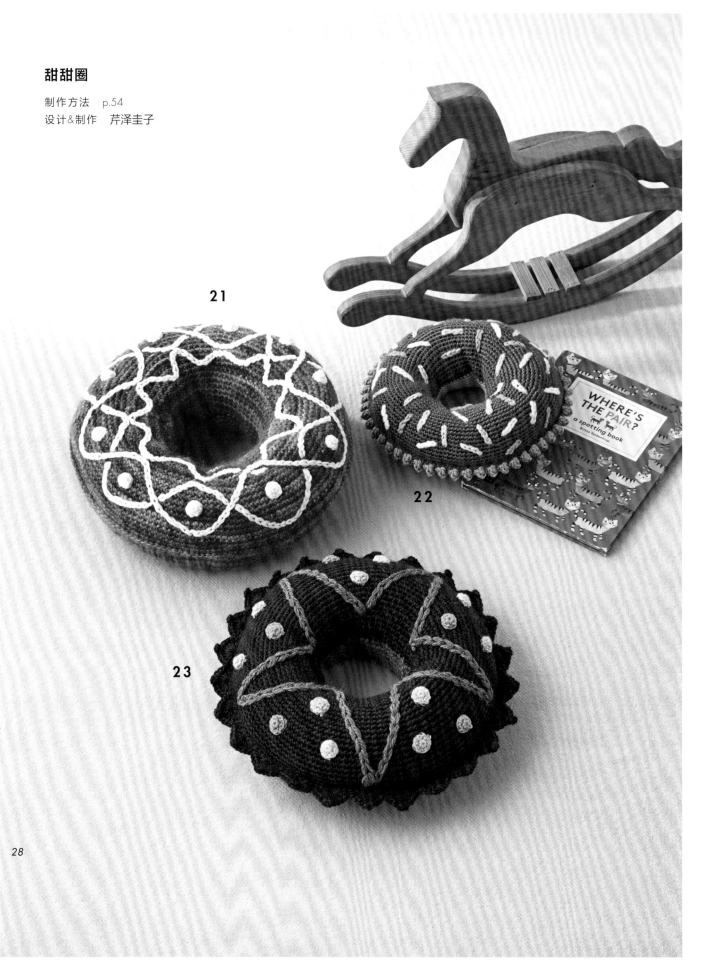

21

22

23

甜甜圈要尽量钩织得美味诱
人。也许在尺寸和配料等方面
还可以做更多变化。

29

备受喜爱的仙人掌靠垫装饰
起来也非常可爱。并排放在一
起就更加可爱了，一定要配套
钩织哦!

25

24

仙人掌

制作方法　p.56

　设计&制作　河合真弓

小房子

制作方法　p.58
设计&制作　河合真弓

双色钩织的小房子设计简洁
时尚。也可以用自己喜欢的配
色钩织。

26

27

28

本书使用线材介绍 material guide

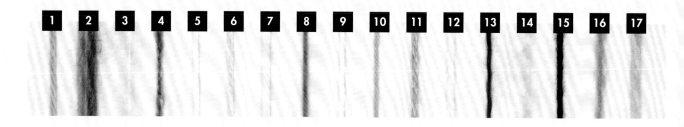

DAIDOH FORWARD株式会社　PUPPY事业部

1 Monarca
羊驼绒70%、羊毛30%,
50g/团, 89m, 10色,
钩针8/0号~10/0号

2 Maurice
羊毛100%,
50g/团, 65m, 6色,
钩针8/0号~10/0号

3 Julika Mohair
马海毛86%、羊毛8%、锦纶6%,
40g/团, 102m, 12色,
钩针9/0号~10/0号

4 Soft Donegal
羊毛100%,
40g/团, 75m, 7色,
钩针8/0号~9/0号

5 Queen Anny
羊毛100%,
50g/团, 97m, 55色,
钩针6/0号~8/0号

6 British Eroika
羊毛100%,
50g/团, 83m, 35色,
钩针8/0号~10/0号

HAMANAKA株式会社

7 Amerry L <极粗>
羊毛70%(使用新西兰美利奴羊毛)、腈纶30%,
40g/团, 约50m, 13色,
钩针10/0号

8 Amerry
羊毛70%(使用新西兰美利奴羊毛)、腈纶30%,
40g/团, 约110m, 53色,
钩针5/0号~6/0号

9 Exceed Wool L <中粗>
羊毛100%(使用超细美利奴羊毛),
40g/团, 约80m, 39色,
钩针5/0号

10 Exceed Wool FL <粗>
羊毛100%(使用超细美利奴羊毛),
40g/团, 约120m, 39色,
钩针4/0号

11 Sonomono Alpaca Wool
羊毛60%、羊驼绒40%,
40g/团, 约60m, 9色,
钩针8/0号

12 Men's Club Master
羊毛60%(使用防缩加工羊毛)、腈纶40%,
50g/团, 约75m, 28色,
钩针(本书作品中的使用针号)10/0号

横田株式会社·DARUMA

13 GENMOU(近似原毛的美丽奴羊毛)
羊毛(美利奴羊毛)100%,
30g/团, 91m, 20色,
钩针7/0号~7.5/0号

14 Wool Mohair
马海毛56%、羊毛(美利奴羊毛)44%,
20g/团, 46m, 11色,
钩针9/0号~10/0号

15 Daruma Merino <极粗>
羊毛(美利奴羊毛)100%,
40g/团, 65m, 12色,
钩针8/0号~9/0号

16 Soft Tam
腈纶54%、锦纶31%、羊毛15%,
30g/团, 58m, 15色,
钩针8/0号~9/0号

17 Wool Roving
羊毛100%,
50g/团, 75m, 7色,
钩针10/0号~直径7mm

*我国钩针型号10/0以上以钩针直径代表型号。

- 1~17自左上开始表示为:成分→规格→线长→颜色数→适用针号。
- 颜色数为截止2019年12月的数据。
- 因为印刷的关系,可能存在些许色差。
- 为方便读者参考,全书线材型号均保留英文。

※上接p.56

24 主体 2片

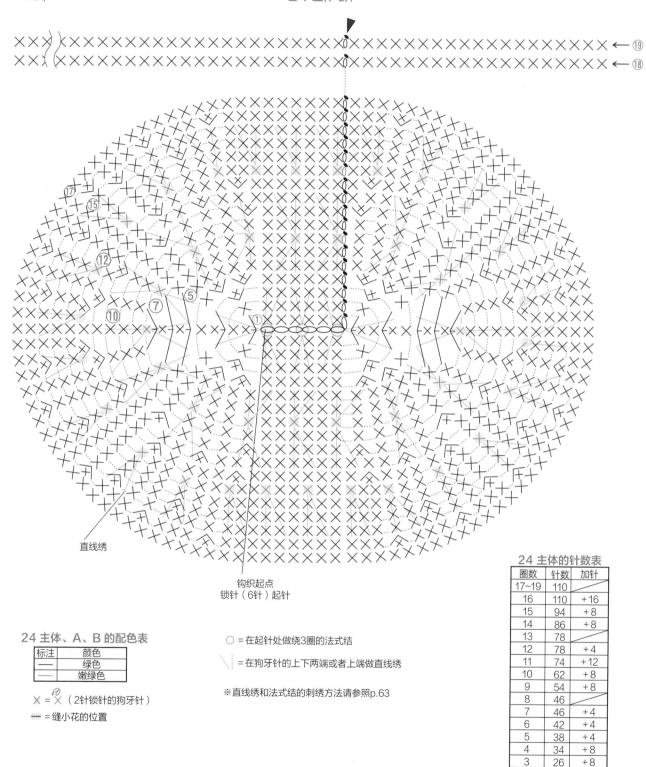

←⑲
←⑱

直线绣

钩织起点
锁针（6针）起针

24 主体、A、B 的配色表

标注	颜色
——	绿色
——	嫩绿色

✕ = ✕ （2针锁针的狗牙针）

—— = 缝小花的位置

◯ = 在起针处做绕3圈的法式结

╲ = 在狗牙针的上下两端或者上端做直线绣

※直线绣和法式结的刺绣方法请参照p.63

24 主体的针数表

圈数	针数	加针
17~19	110	
16	110	+16
15	94	+8
14	86	+8
13	78	
12	78	+4
11	74	+12
10	62	+8
9	54	+8
8	46	
7	46	+4
6	42	+4
5	38	+4
4	34	+8
3	26	+8
1、2	18	

1、2 彩图 p.8,9 重点教程 p.6

[准备材料和工具]

1: PUPPY Soft Donegal / 茶色系混染
(5218)100g, PUPPY British Eroika / 茶色
(208)11g、白色(125)、深绿色(205)各
少许, 填充棉 适量
2: PUPPY Soft Donegal / 浅蓝色系混染
(5204)100g, PUPPY British Eroika / 深绿色
(205)13g、白色(125)少许, 填充棉 适量

钩针 8/0号

眼睛 2个   鼻子

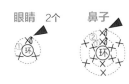

耳朵 2片

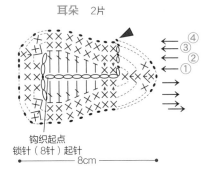

钩织起点
锁针(8针)起针
8cm

配色表

款式	头部、身体	耳朵、鼻子、尾巴
1	茶色系混染	茶色
2	浅蓝色系混染	深绿色

尾巴

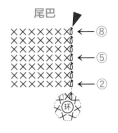

眼睛的组合方法
将眼睛缝在头部的指定位置,
用白色线按飞鸟绣的要领
在眼睛周围绣一圈

白色

尾巴的组合方法

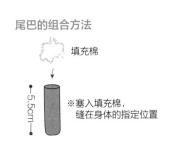

填充棉

5.5cm

※塞入填充棉,
缝在身体的指定位置

在鼻子中塞入少量
填充棉后缝好

组合方法
将各零部件缝在头部和身体上,
塞入填充棉后, 将☆记号部分做卷针缝合

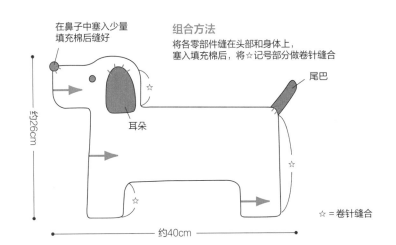

尾巴

耳朵

约26cm

约40cm

☆ = 卷针缝合

头部、身体

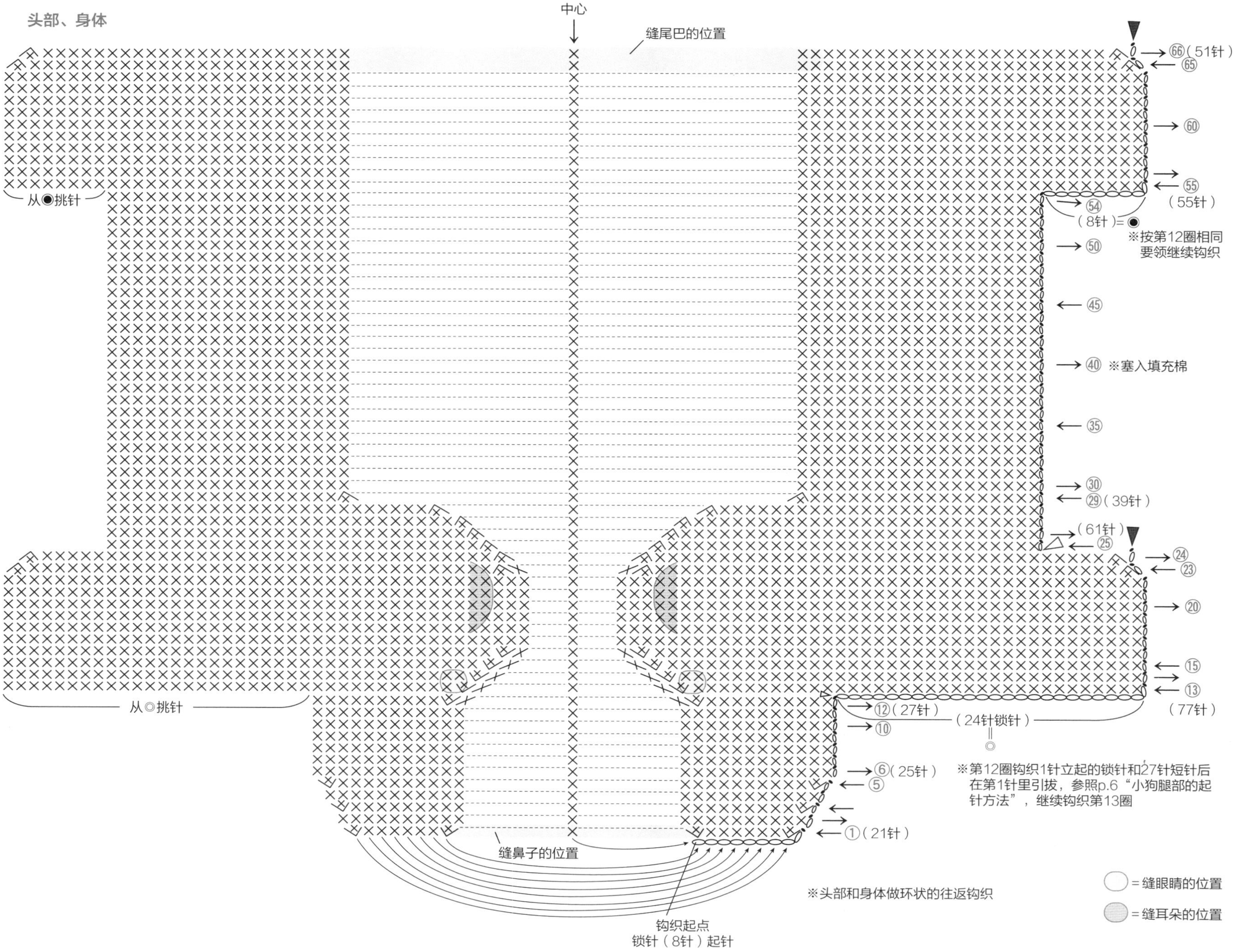

中心
缝尾巴的位置
从◉挑针
从◎挑针
(66)(51针)
(65)
(60)
(55)
(55针)
(54)
(8针)=◉
※按第12圈相同要领继续钩织
(50)
㊺
㊵ ※塞入填充棉
㉟
㉚
㉙(39针)
(61针)
㉕
㉔
㉓
⑳
⑮
⑬
(77针)
⑫(27针)
⑩
(24针锁针)
◎
⑥(25针)
⑤
①(21针)
缝鼻子的位置
钩织起点
锁针(8针)起针

※第12圈钩织1针立起的锁针和27针短针后在第1针里引拔，参照p.6“小狗腿部的起针方法”，继续钩织第13圈

※头部和身体做环状的往返钩织

◯ = 缝眼睛的位置
⬬ = 缝耳朵的位置

3、4 彩图 p.10,11

[准备材料和工具]

3: DARUMA Wool Roving/本白色(1)140g、深藏青色(5)1g,填充棉 适量,珍珠(黑色、12mm)2颗

4: DARUMA Wool Roving/棕色(3)140g、深藏青色(5)1g,填充棉 适量,珍珠(黑色、12mm)2颗

钩针 8/0号

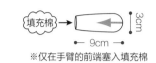

填充棉 → 3cm / 9cm
※仅在手臂的前端塞入填充棉

※3、4都是只有鼻子部位用深藏青色线钩织

鼻子 深藏青色
2cm / 2cm
钩织起点 锁针(1针)起针

耳朵 2片
2.5cm / 3.5cm
环 ① ②

尾巴的针数表

圈数	针数	加针
3、4	12	
2	12	+6
1	6	

填充棉 ↓
1.8cm / 3.5cm
※塞入填充棉

手臂 2条

×~~~× ← ⑭
⑧~⑬无需加减针
← ⑦
← ⑥
← ⑤
← ④
环 ① ② ③

手臂的针数表

圈数	针数	加减针
7~14	9	
6	9	-3
3~5	12	
2	12	+6
1	6	

尾巴
环 ① ② ③ ④

组合方法

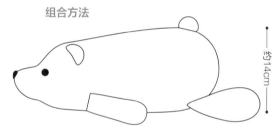

腿 2条

×~~~× ← ⑰
⑫~⑯无需加减针
← ⑪
← ⑩
← ⑨
← ⑧
← ⑦
← ⑥
环 ① ② ③ ④ ⑤

腿的针数表

圈数	针数	加减针
11~17	18	
10	18	-6
5~9	24	
4	24	}+6
3	18	
2	12	
1	6	

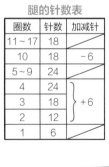

填充棉 → 5.5cm / 10cm
※仅在腿的前端塞入填充棉

脸部
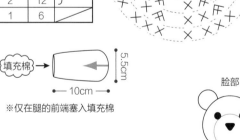

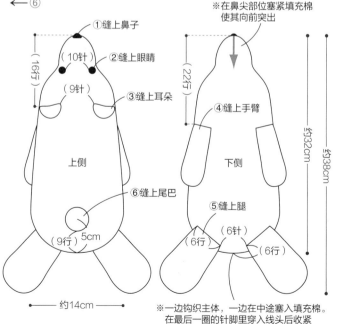

①缝上鼻子
(10针)
(9针)
②缝上眼睛
③缝上耳朵

上侧
(16行)

⑥缝上尾巴
(9行) 5cm

约14cm

※在鼻尖部位塞紧填充棉使其向前突出

④缝上手臂

下侧
(22行)

⑤缝上腿
(6针)
(6行) (6行)

约32cm
约38cm

※一边钩织主体,一边在中途塞入填充棉。在最后一圈的针脚里穿入线头后收紧

36

主体

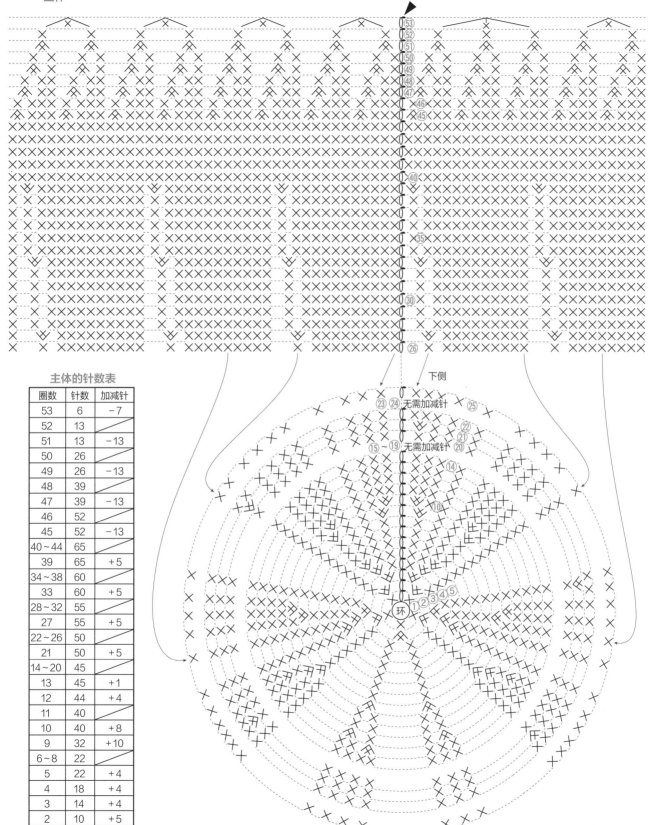

主体的针数表

圈数	针数	加减针
53	6	−7
52	13	
51	13	−13
50	26	
49	26	−13
48	39	
47	39	−13
46	52	
45	52	−13
40~44	65	
39	65	+5
34~38	60	
33	60	+5
28~32	55	
27	55	+5
22~26	50	
21	50	+5
14~20	45	
13	45	+1
12	44	+4
11	40	
10	40	+8
9	32	+10
6~8	22	
5	22	+4
4	18	+4
3	14	+4
2	10	+5
1	5	

下侧

上侧

5、6

彩图 p.12,13　重点教程　p.6

※由于 Wool Roving 粗纺纱线容易拉断，做环形起针、线头的处理、零部件的缝合等操作时，请先将线加捻处理一下

[准备材料和工具]

5: DARUMA Wool Roving/棕色（3）100g、米色（2）20g，Wool Mohair/本白色（1）2g，DARUMA Merino <极粗>/黑色（310）1g，填充棉 适量

6: DARUMA Wool Roving/浅灰色（6）100g、本白色（1）20g，Wool Mohair/淡粉色（9）2g，DARUMA Merino <极粗>/黑色（310）1g，填充棉 适量

钩针 7/0号、10/0号

用线和颜色

	5	6
Wool Roving		
a色	米色	本白色
b色	棕色	浅灰色
Wool Mohair		
c色	本白色	淡粉色

前腿
b色 2条 10/0号

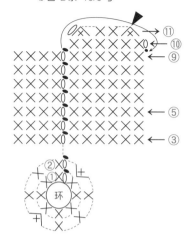

※第9圈钩织结束后，渡线至箭头所示位置继续钩织第10、第11圈

鼻子
黑色 7/0号

※将织物的反面用作正面

眼睛
黑色 2个 7/0号

※将织物的反面用作正面

后腿
b色 2条 10/0号

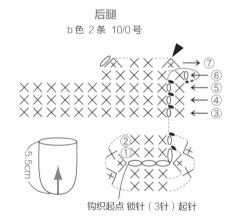

5.5cm

钩织起点 锁针（3针）起针

※第5圈钩织结束后，渡线至箭头所示位置继续钩织第6、7圈

耳朵内侧　c色、b色 每种颜色各2片 10/0号

耳朵的边缘编织　b色 10/0号

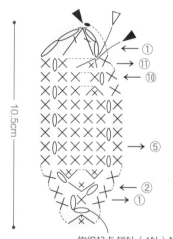

10.5cm

钩织起点 锁针（1针）起针

耳朵内侧
c色钩织至第11行后断线。
b色不断线，接着用该线钩织边缘

耳朵的边缘编织
将c色耳朵放在b色耳朵的上面，
用保留的b色线继续钩织边缘

组合方法

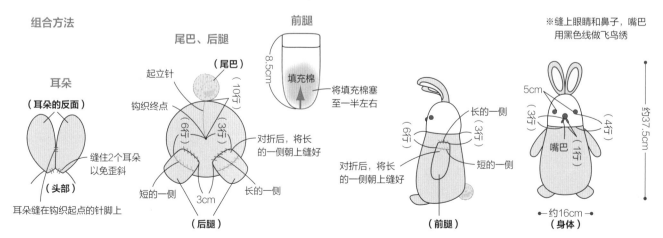

耳朵

（耳朵的反面）

缝住2个耳朵以免歪斜

（头部）

耳朵缝在钩织起点的针脚上

尾巴、后腿

起立针

钩织终点

（尾巴）

（10行）

（6行）

（3行）

对折后，将长的一侧朝上缝好

短的一侧

3cm

长的一侧

（后腿）

前腿

8.5cm

填充棉

将填充棉塞至一半左右

（6行）

（3行）

对折后，将长的一侧朝上缝好

长的一侧

短的一侧

（前腿）

※缝上眼睛和鼻子，嘴巴用黑色线做飞鸟绣

5cm

（3行）

（4行）

嘴巴

（1行）

约37.5cm

←约16cm→

（身体）

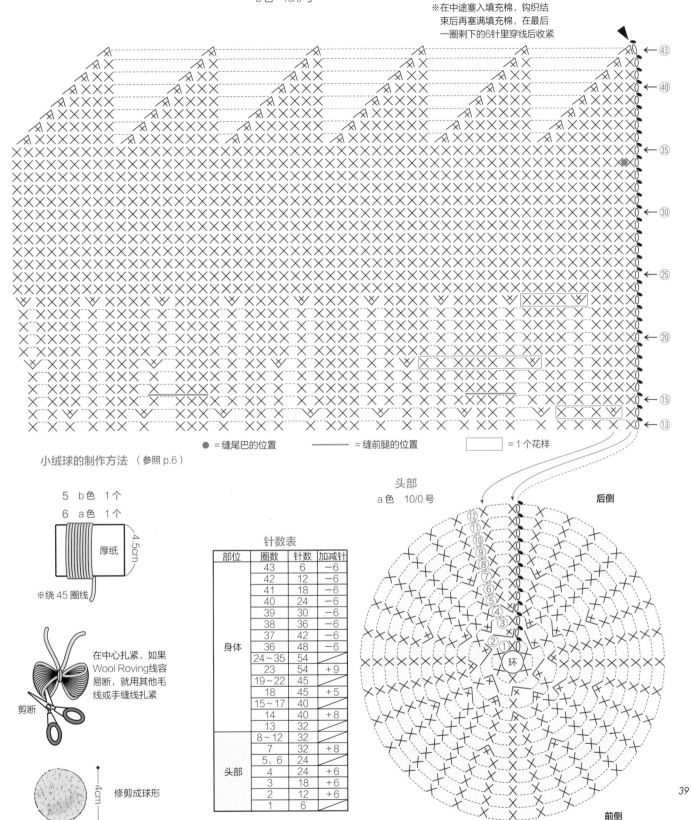

身体
b色 10/0号

※在中途塞入填充棉，钩织结
束后再塞满填充棉，在最后
一圈剩下的6针里穿线后收紧

● = 缝尾巴的位置　———— = 缝前腿的位置　▭ = 1个花样

小绒球的制作方法 （参照p.6）

5　b色　1个
6　a色　1个

厚纸

4.5cm

※绕45圈线

在中心扎紧，如果
Wool Roving线容
易断，就用其他毛
线或手缝线扎紧

剪断

4cm

修剪成球形

头部
a色 10/0号

后侧

环

前侧

针数表

部位	圈数	针数	加减针
身体	43	6	−6
	42	12	−6
	41	18	−6
	40	24	−6
	39	30	−6
	38	36	−6
	37	42	−6
	36	48	−6
	24~35	54	
	23	54	+9
	19~22	45	
	18	45	+5
	15~17	40	
	14	40	+8
	13	32	
头部	8~12	32	
	7	32	+8
	5、6	24	
	4	24	+6
	3	18	+6
	2	12	+6
	1	6	

7、8 彩图 p.14,15

[准备材料和工具]

7： HAMANAKA Men's Club Master／黑色（13）
145g、白色（1）5g，HAMANAKA Exceed Wool
FL＜粗＞／薄荷绿色（242）、白色（201）各1g，
HAMANAKA Exceed Wool L＜中粗＞／黑色
（330）少许，填充棉 适量

8： HAMANAKA Exceed Wool L＜中粗＞／黑色
（330）78g、白色（301）2g，HAMANAKA
Exceed Wool FL＜粗＞／薄荷绿色（242）、白色
（201）各1g，填充棉 适量

钩针

7： 4/0号、10/0号
8： 4/0号、7/0号

眼睛 Exceed Wool FL ＜粗＞ 薄荷绿色 2片
4/0号

眼睛的针数表

圈数	针数	加针
2	12	+6
1	6	

菊叶绣
（Exceed Wool L ＜中粗＞／黑色）

鼻子 Exceed Wool FL ＜粗＞ 白色
4/0号

1.2cm

手臂 2条　7 Men's Club Master 10/0号
　　　　　8 Exceed Wool L ＜中粗＞ 7/0 号

—— 黑色
—— 白色

⑦～⑳无需加减针

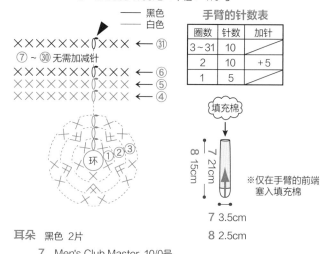

手臂的针数表

圈数	针数	加针
3～31	10	
2	10	+5
1	5	

填充棉

※仅在手臂的前端
塞入填充棉

7 21cm
8 15cm

7 3.5cm
8 2.5cm

耳朵 黑色 2片
　7 Men's Club Master 10/0号
　8 Exceed Wool L ＜中粗＞ 7/0 号

耳朵的针数表

圈数	圈数	加针
4、5	12	
3	12	+4
2	8	
1	4	

7 3.5cm
8 2.2cm

7 4cm
8 3cm

组合方法

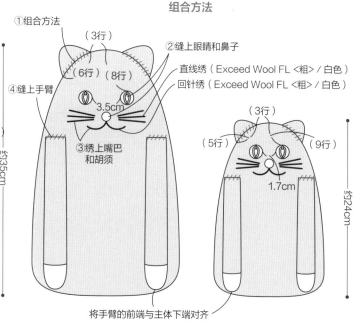

①组合方法
（3行）
（6行）（8行）
②缝上眼睛和鼻子
直线绣（Exceed Wool FL ＜粗＞／白色）
回针绣（Exceed Wool FL ＜粗＞／白色）
④缝上手臂
3.5cm
③绣上嘴巴和胡须
约35cm

（3行）
（5行）（9行）
1.7cm
约24cm

将手臂的前端与主体下端对齐

40

主体　**7**　Men's Club Master　黑色　10/0号
　　　8　Exceed Wool L ＜中粗＞ 黑色　7/0 号

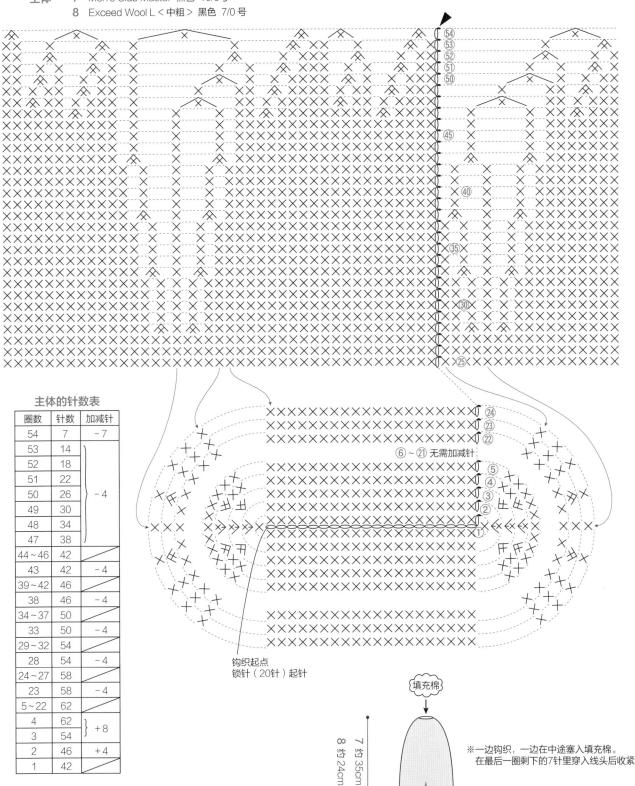

主体的针数表

圈数	针数	加减针
54	7	− 7
53	14	
52	18	
51	22	
50	26	} − 4
49	30	
48	34	
47	38	
44 ~ 46	42	
43	42	− 4
39 ~ 42	46	
38	46	− 4
34 ~ 37	50	
33	50	− 4
29 ~ 32	54	
28	54	− 4
24 ~ 27	58	
23	58	− 4
5 ~ 22	62	
4	62	} + 8
3	54	
2	46	+ 4
1	42	

⑥ ～ ㉑ 无需加减针

钩织起点
锁针（20针）起针

填充棉

7 约35cm
8 约24cm

7 约20cm

8 约15cm

※一边钩织，一边在中途塞入填充棉。
在最后一圈剩下的7针里穿入线头后收紧

41

9、10 彩图 p.16,17　重点教程　p.7

[准备材料和工具]

9：HAMANAKA Sonomono Alpaca Wool／浅灰色（44）75g、浅灰色系混染（48）55g、灰色（45）40g，HAMANAKA Exceed Wool L ＜中粗＞／黑色（330）少许, 填充棉 适量

10：HAMANAKA Sonomono Alpaca Wool／本白色（41）75g、本白色系混染（46）55g、米色（42）40g，HAMANAKA Exceed Wool L ＜中粗＞／黑色（330）少许, 填充棉 适量

钩针 10/0号

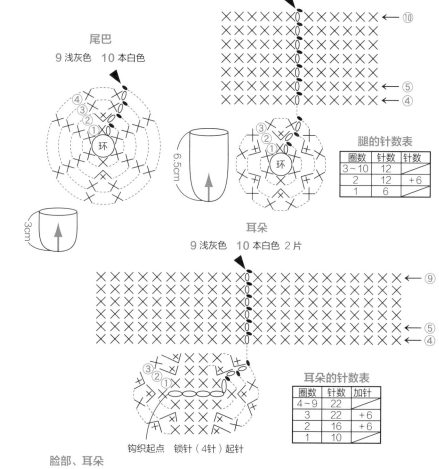

腿
9 灰色　10 米色 4 条

尾巴
9 浅灰色　10 本白色

6.5cm

3cm

腿的针数表

圈数	针数	针数
3~10	12	
2	12	+6
1	6	

耳朵
9 浅灰色　10 本白色 2 片

钩织起点　锁针（4针）起针

耳朵的针数表

圈数	针数	加针
4~9	22	
3	22	+6
2	16	+6
1	10	

组合方法

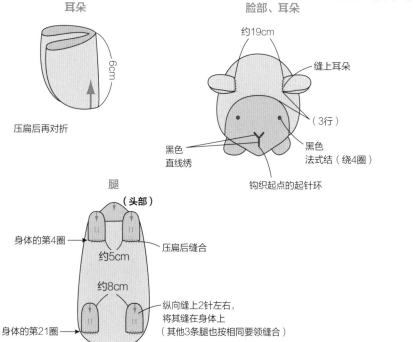

耳朵

6cm

压扁后再对折

脸部、耳朵

约19cm

缝上耳朵

（3行）

黑色 直线绣

黑色 法式结（绕4圈）

钩织起点的起针环

腿

（头部）

身体的第4圈

压扁后缝合

约5cm

约8cm

身体的第21圈

纵向缝上2针左右，将其缝在身体上（其他3条腿也按相同要领缝合）

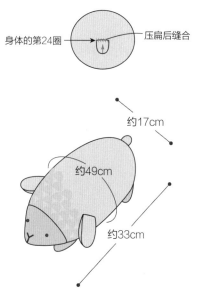

尾巴

身体的第24圈

压扁后缝合

约17cm

约49cm

约33cm

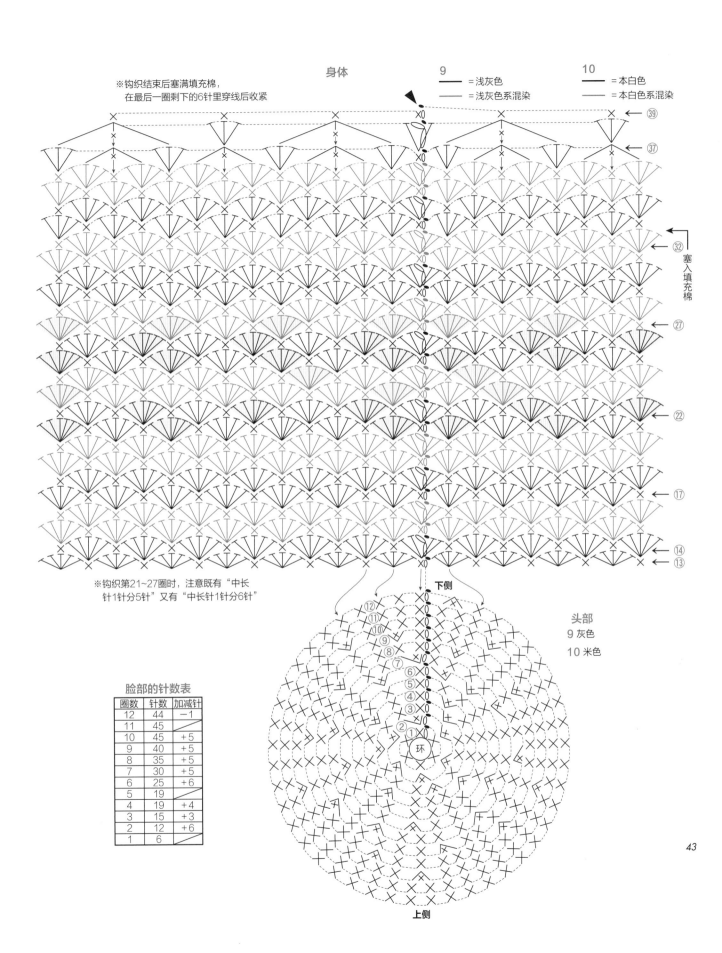

身体

※钩织结束后塞满填充棉，
在最后一圈剩下的6针里穿线后收紧

9　━ =浅灰色
　　━ =浅灰色系混染

10　━ =本白色
　　━ =本白色系混染

← ㊴
← ㊲

← ㉜　塞入填充棉
← ㉗
← ㉒
← ⑰
← ⑭
← ⑬

下侧

头部
9 灰色
10 米色

※钩织第21~27圈时，注意既有"中长
针1针分5针"又有"中长针1针分6针"

脸部的针数表

圈数	针数	加减针
12	44	−1
11	45	
10	45	+5
9	40	+5
8	35	+5
7	30	+5
6	25	+6
5	19	
4	19	+4
3	15	+3
2	12	+6
1	6	

环

上侧

43

11、12 彩图 p.18,19

[准备材料和工具]

11: PUPPY British Eroika / 米色
（200）100g、茶色（208）90g、
本白色（134）30g，填充棉 适
量，珍珠（黑色·12mm）2颗
12: PUPPY British Eroika / 灰色
（173）100g、靛蓝色（101）
90g、本白色（134）30g，填充棉
适量，珍珠（黑色·12mm）2颗

钩针 10/0号

耳朵
11 茶色　12 靛蓝色　2 片

←—2cm—→

缝上眼睛和耳朵后，将 2 片主体正面朝外重叠在一起。
一边塞入填充棉，一边用与配色相同颜色的线做卷针缝合

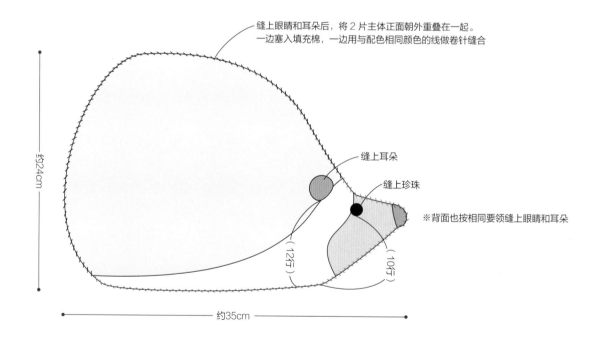

缝上耳朵

缝上珍珠

※背面也按相同要领缝上眼睛和耳朵

约24cm

约35cm

（12行）

（10行）

配色表

部位	11	12
背部	茶色、米色	靛蓝色、灰色
腹部	本白色	本白色
脸部	灰色	灰色
鼻尖	茶色	靛蓝色

主体 2片

※全部用2股线钩织

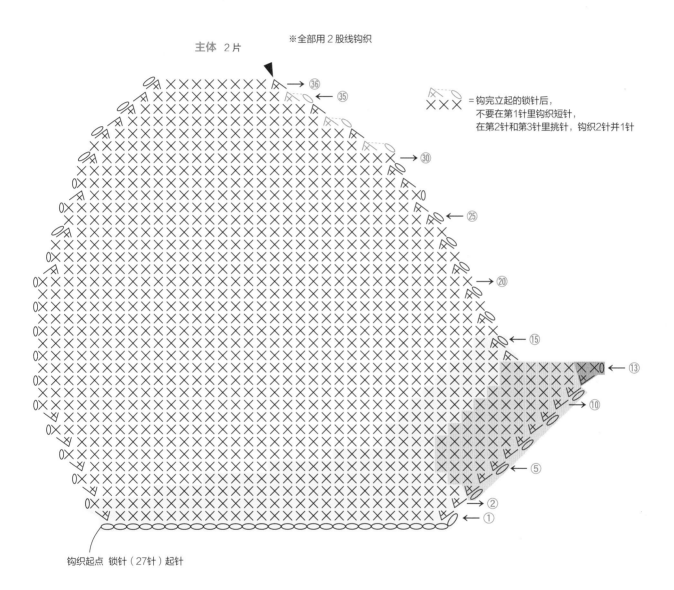

= 钩完立起的锁针后,
不要在第1针里钩织短针,
在第2针和第3针里挑针,钩织2针并1针

钩织起点 锁针（27针）起针

13、14 彩图 p.20,21

[准备材料和工具]

13：PUPPY British Eroika／灰色（120）66g、藏青色（102）47g、蓝灰色（178）33g、白色（125）9g、黑色（122）少许，填充棉适量

14：PUPPY Julika Mohair／灰色（312）72g、PUPPY Monarca／深灰色（909）47g、白色（901）9g、PUPPY British Eroika／黑色（122）少许，填充棉适量

钩针

13：8/0号

14：10/0号

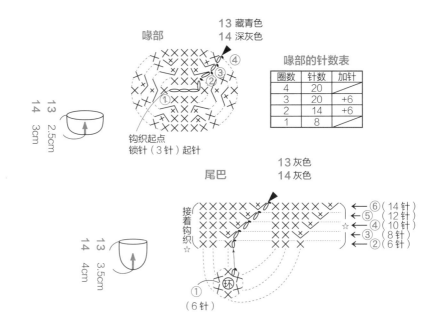

喙部

13 藏青色
14 深灰色

钩织起点
锁针（3针）起针

喙部的针数表

圈数	针数	加针
4	20	
3	20	+6
2	14	+6
1	8	

尾巴

13 灰色
14 灰色

接着钩织

← ⑥（14针）
← ⑤（12针）
← ☆④（10针）
← ③（8针）
← ②（6针）

① （6针）

13 2.5cm
14 3cm

13 3.5cm
14 4cm

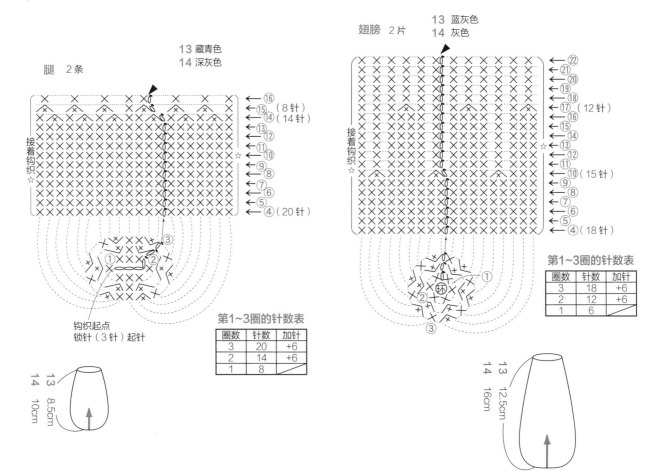

腿 2条

13 藏青色
14 深灰色

← ⑯（8针）
← ⑮（14针）
← ⑭
← ⑬
← ⑫
← ⑪
← ☆⑩
← ⑨
← ⑧
← ⑦
← ⑥
← ⑤
← ④（20针）

接着钩织 ☆

钩织起点
锁针（3针）起针

13 8.5cm
14 10cm

第1~3圈的针数表

圈数	针数	加针
3	20	+6
2	14	+6
1	8	

翅膀 2片

13 蓝灰色
14 灰色

接着钩织 ☆

← ㉒
← ㉑
← ⑳
← ⑲
← ⑱
← ⑰（12针）
← ⑯
← ⑮
← ⑭
← ☆⑬
← ⑫
← ⑪
← ⑩（15针）
← ⑨
← ⑧
← ⑦
← ⑥
← ⑤
← ④（18针）

第1~3圈的针数表

圈数	针数	加针
3	18	+6
2	12	+6
1	6	

13 12.5cm
14 16cm

46

主体

身体

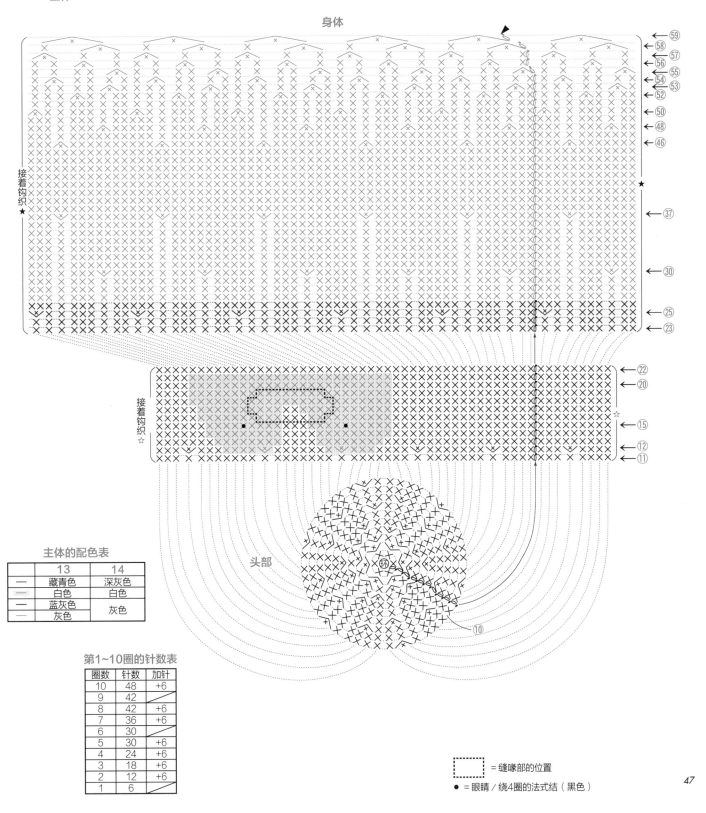

接着钩织
★

接着钩织
☆

头部

	13	14
—	藏青色	深灰色
┄	白色	白色
—	蓝灰色	灰色
—	灰色	

主体的配色表

第1~10圈的针数表

圈数	针数	加针
10	48	+6
9	42	
8	42	+6
7	36	+6
6	30	
5	30	+6
4	24	+6
3	18	+6
2	12	+6
1	6	

▢┈┈ = 缝喙部的位置

● = 眼睛／绕4圈的法式结（黑色）

47

组合方法

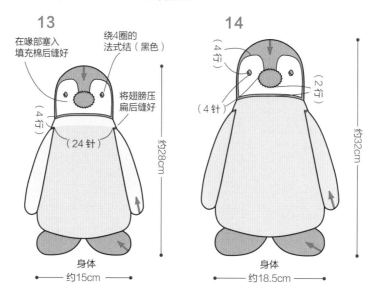

13

在喙部塞入
填充棉后缝好

绕4圈的
法式结（黑色）

将翅膀压
扁后缝好

（4行）

（24针）

约28cm

身体
约15cm

14

（4行）

（2行）

（4针）

约32cm

身体
约18.5cm

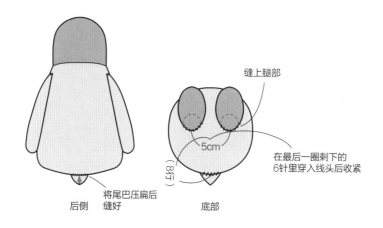

后侧

将尾巴压扁后
缝好

缝上腿部

5cm

（8行）

在最后一圈剩下的
6针里穿入线头后收紧

底部

15、16
彩图 p.22,23

[准备材料和工具]

15：DARUMA Soft Tam／米色（2）88g、炭灰色（11）2g、亮黄色（15）1g，填充棉 适量

16：DARUMA Soft Tam／蓝灰色（16）88g、炭灰色（11）2g、亮黄色（15）1g，填充棉 适量

钩针 8/0号

眼睛 炭灰色 2片

鸟嘴 亮黄色

鸟嘴的针数表

圈数	针数	加针
3	8	+2
2	6	+2
1	4	

2cm

主体 2片
15 米色
16 蓝灰色

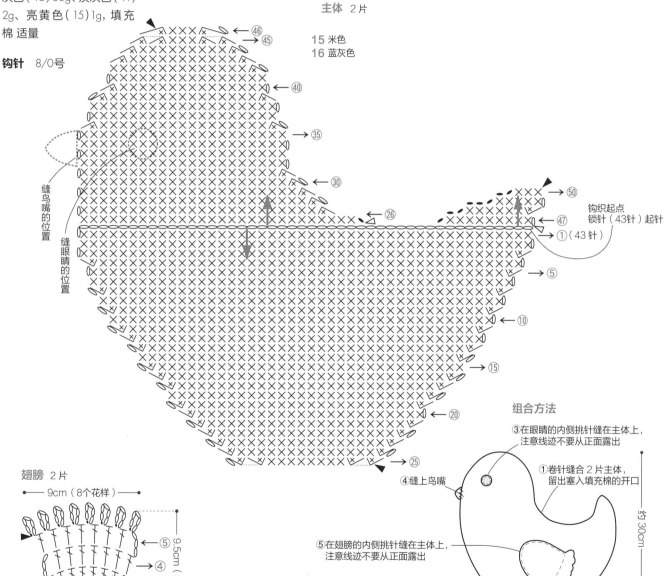

缝鸟嘴的位置
缝眼睛的位置

钩织起点
锁针（43针）起针
①（43针）

翅膀 2片
9cm（8个花样）
9.5cm（5行）
⑤ ④ ③ ② ①
15 米色
16 蓝灰色

组合方法

③在眼睛的内侧挑针缝在主体上，注意线迹不要从正面露出

①卷针缝合 2 片主体，留出塞入填充棉的开口

④缝上鸟嘴

⑤在翅膀的内侧挑针缝在主体上，注意线迹不要从正面露出

②塞入填充棉后，卷针缝合开口

塞入填充棉的开口

约30cm

约33cm

49

［准备材料和工具］

17: DARUMA GENMOU/深蓝色（7）60g、本白色（1）26g、深灰色（10）12g，填充棉 适量

钩针 5/0号

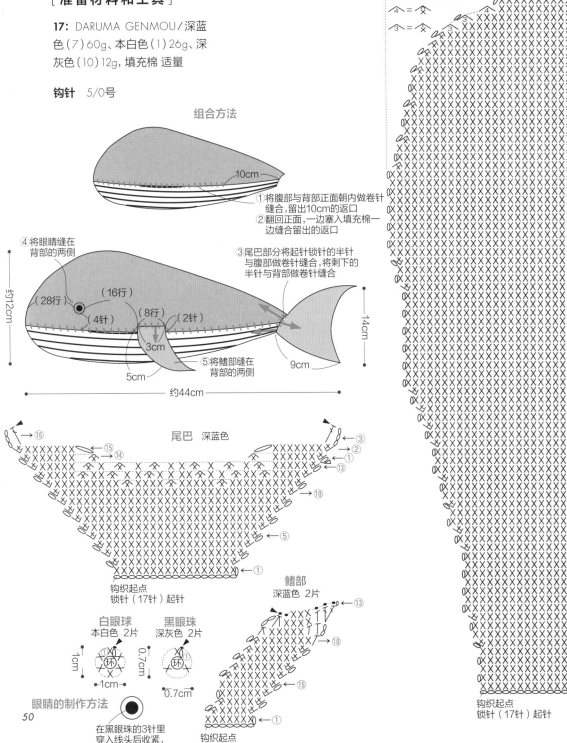

组合方法

10cm

①将腹部与背部正面朝内做卷针缝合，留出10cm的返口
②翻回正面，一边塞入填充棉一边缝合留出的返口

④将眼睛缝在背部的两侧

③尾巴部分将起针锁针的半针与腹部做卷针缝合，将剩下的半针与背部做卷针缝合

约12cm

（28行）　（16行）

（4针）　（8行）　（2针）

3cm

5cm

⑤将鳍部缝在背部的两侧

9cm

14cm

约44cm

尾巴 深蓝色

钩织起点
锁针（17针）起针

白眼球
本白色 2片

黑眼珠
深灰色 2片

1cm

0.7cm

1cm

0.7cm

鳍部
深蓝色 2片

眼睛的制作方法

在黑眼珠的3针里穿入线头后收紧，缝在白眼球的中心

钩织起点
锁针（7针）起针

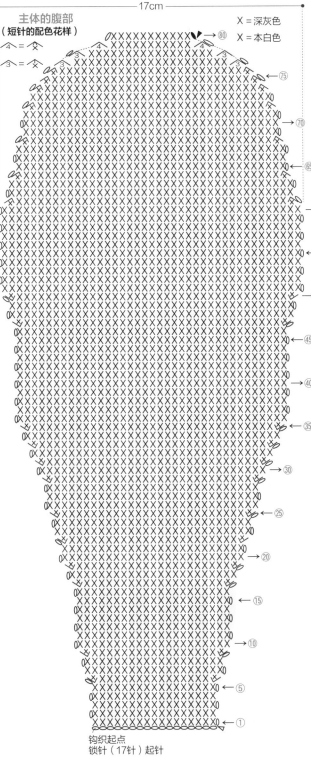

主体的腹部
（短针的配色花样）

17cm

X = 深灰色
X = 本白色

钩织起点
锁针（17针）起针

主体的背部
深蓝色

←⑩⑦
←⑩⑥
→⑩⑩（23针）
←⑨⑤
→⑨⑩（48针）
←⑧⑤
→⑧⑩（62针）
→⑦⑩（65针）
←⑥⑤
→⑥⑩（57针）
←⑤⑤
→⑤⑩（51针）
←④⑤
→④⑩（43针）
←③⑤
→③⑩（39针）
←②⑤
→②⑩（31针）
←①⑤
→①⑩（23针）
←⑤
←①（15针）

钩织起点
锁针（15针）起针

51

18、19、20

彩图 p.26,27

[准备材料和工具]

18: HAMANAKA Exceed Wool L
<中粗> / 绿色（345）65g、浅茶色
（333）45g、浅黄绿色（337）23g、
深棕色（352）1g，填充棉 适量

19: HAMANAKA Exceed Wool L
<中粗> / 红色（355）70g、深绿色
（320）45g、米白色（301）3g、绿
色（345）、深棕色（352）各1g，填
充棉 适量

20: HAMANAKA Amerry / 柠檬黄色
（25）、金黄色（31）各45g、自然
白色（20）12g，填充棉 适量

钩针 6/0号

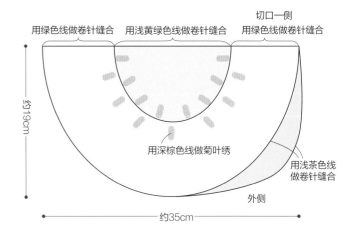

18 组合方法

用绿色线做卷针缝合　用浅黄绿色线做卷针缝合　用绿色线做卷针缝合

切口一侧

约19cm

用深棕色线做菊叶绣

用浅茶色线做卷针缝合

外侧

约35cm

配色表

款式	侧面	底部和底部边缘	侧面边缘（外侧）
18	第1~6行 浅黄绿色 第7~14行 绿色	浅茶色	绿色
19	红色	深绿色	第1行 米白色 第2行 深绿色
20	第1~12行 柠檬黄色 第13行 自然白色	金黄色	3行均为金黄色

18 侧面的针数表

行数	针数	加针
14	104	+7
13	97	+7
12	90	+7
11	83	+7
10	76	+7
9	69	+7
8	62	+7
7	55	+7
6	48	+7
5	41	+7
4	34	+7
3	27	+7
2	20	+7
1	13	

18 侧面 2片

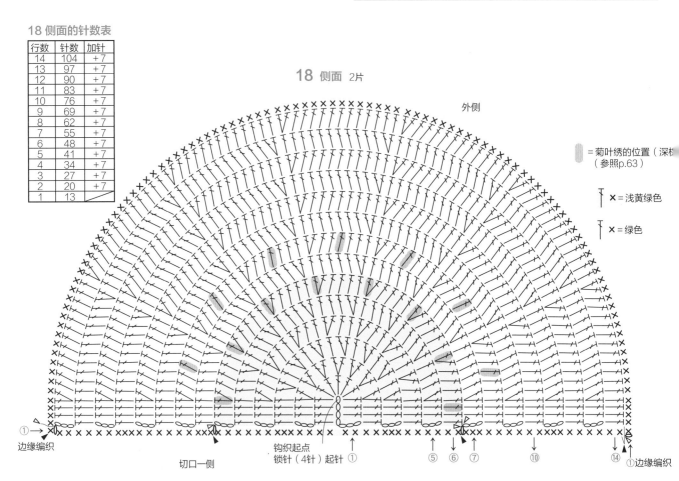

外侧

= 菊叶绣的位置（深棕色）
（参照p.63）

✕ = 浅黄绿色

✕ = 绿色

边缘编织

切口一侧

钩织起点
锁针（4针）起针 ①

① ⑤ ⑥ ⑦ ⑩ ⑭ ①
边缘编织

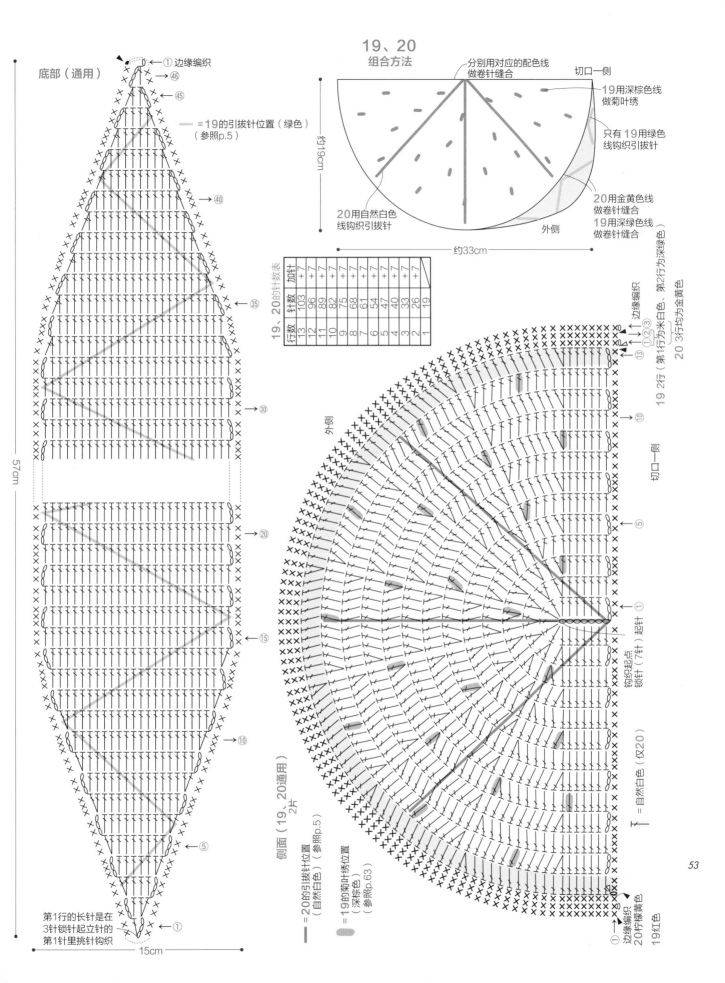

底部（通用）

①边缘编织

←46
←45
←40
←35
←30
←20
←15
←10
←5
←①

＝19的引拔针位置（绿色）
（参照p.5）

57cm

15cm

第1行的长针是在3针锁针起立针的第1针里挑针钩织

19、20
组合方法

分别用对应的配色线做卷针缝合

切口一侧

19用深棕色线做菊叶绣

只有19用绿色线钩织引拔针

20用金黄色线做卷针缝合
19用深绿色线做卷针缝合

20用自然白色线钩织引拔针

约19cm

约33cm

外侧

19、20的针数表		
行数	针数	加针
13	103	+7
12	96	+7
11	89	+7
10	82	+7
9	75	+7
8	68	+7
7	61	+7
6	54	+7
5	47	+7
4	40	+7
3	33	+7
2	26	+7
1	19	

外侧

钩织起点
锁针（7针）起针

边缘编织
①②③
←13
←10
←5
←①

19 2行（第1行为米白色、第2行为深绿色）
20 3行均为金黄色

切口一侧

侧面（19、20通用）
2片

＝20的引拔针位置（自然白色）
（参照p.5）

＝19的菊叶绣位置（深棕色）
（参照p.63）

＝自然白色（仅20）

①边缘编织
20柠檬黄色
19红色

53

21、22、23 彩图 p.28,29

[准备材料和工具]

21： PUPPY Maurice / 粉红色系（649）
247g，PUPPY Queen Anny / 白色（802）
25g，填充棉 适量

22： PUPPY Queen Anny / 米色（955）
61g，深绿色（971）59g，黄绿色（935）
17g，白色（802）、浅黄色（892）各
3g，填充棉 适量

23： PUPPY British Eroika / 茶色（208）、
茶色系混染（192）各102g，PUPPY
Queen Anny / 黄 绿 色（935）3.5g，
浅黄色（892）3g、米色（955）2.5g，
填充棉 适量

钩针

21：8/0号、10/0号

22：6/0号

23：8/0号

※ ①50针锁针起针后，钩织甜甜圈的反面
　 ②从①的起针处挑取50针，钩织甜甜圈的正面
　 ③接下来，看着正面将正、反面的最后一圈做引拔接合。中途塞入填充棉

主体

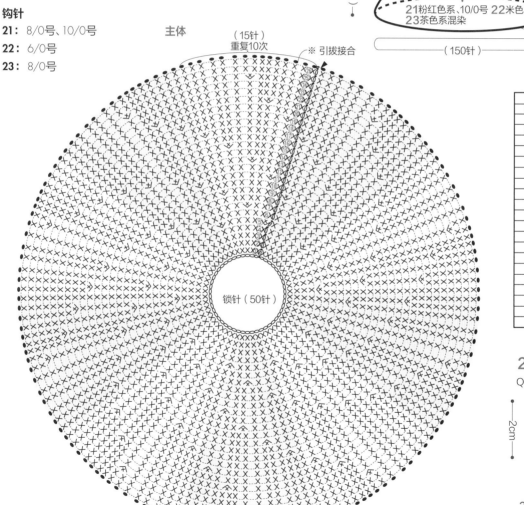

主体

（15针）
重复10次
※ 引拔接合

锁针（50针）起针

主体的针数表

圈数	针数	加针
25~26	150	
24	150	+10
22~23	140	
21	140	+10
20	130	
19	130	+10
18	120	
17	120	+10
16	110	
15	110	+10
14	100	
13	100	+10
12	90	
11	90	+10
10	80	
9	80	+10
8	70	
7	70	+10
6	60	
5	60	+10
1~4	50	

21、23 小装饰

Queen Anny 8/0号

钩织结束时留出
15cm长的线头剪断

23 { 浅黄色 / 黄绿色 / 米色 } 各5个

21 白色 10个

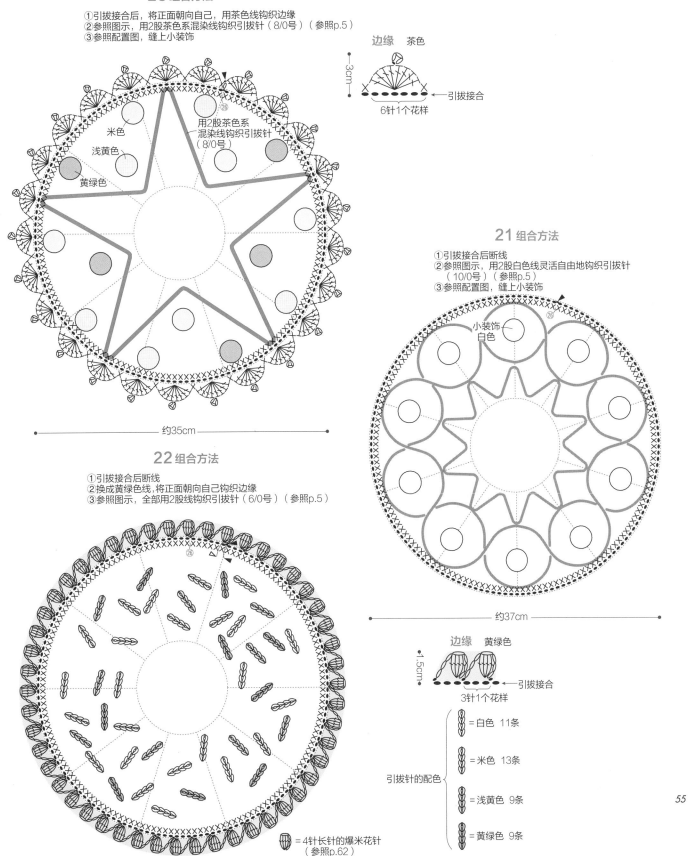

23 组合方法

①引拔接合后，将正面朝向自己，用茶色线钩织边缘
②参照图示，用2股茶色系混染线钩织引拔针（8/0号）（参照p.5）
③参照配置图，缝上小装饰

边缘　茶色

3cm

用2股茶色系
混染线钩织引拔针
（8/0号）

米色
浅黄色
黄绿色

引拔接合

6针1个花样

约35cm

22 组合方法

①引拔接合后断线
②换成黄绿色线，将正面朝向自己钩织边缘
③参照图示，全部用2股线钩织引拔针（6/0号）（参照p.5）

= 4针长针的爆米花针
（参照p.62）

约26cm

21 组合方法

①引拔接合后断线
②参照图示，用2股白色线灵活自由地钩织引拔针
（10/0号）（参照p.5）
③参照配置图，缝上小装饰

小装饰
白色

约37cm

边缘　黄绿色

1.5cm

引拔接合

3针1个花样

引拔针的配色

= 白色　11条

= 米色　13条

= 浅黄色　9条

= 黄绿色　9条

55

24、25 彩图 p.30 重点教程 p.6,7

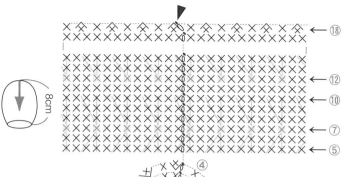

24 B

[准备材料和工具]

24： HAMANAKA Amerry／绿
色（14）49g、嫩绿色（33）
10g、紫红色（32）4g，填充棉
适量

25： HAMANAKA Amerry／草
绿色（13）64g、暗绿色（34）
8g，填充棉 适量

钩针 5/0号

※24 的主体请参照 p.33

24 B 的针数表

圈数	针数	加减针
18	16	− 8
5～17	24	
4	24	+ 8
3	16	
2	16	+ 8
1	8	

24 A

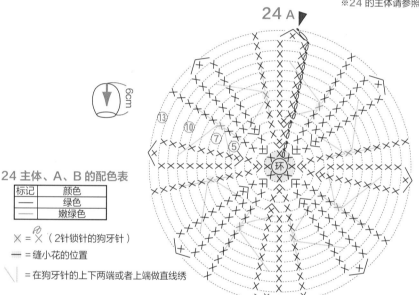

24 A 的针数表

圈数	针数	加减针
13	16	− 8
5～12	24	
4	24	+ 8
3	16	
2	16	+ 8
1	8	

24 主体、A、B 的配色表

标记	颜色
—	绿色
—	嫩绿色

X = ✕（2针锁针的狗牙针）

— ＝缝小花的位置

＼ ＝在狗牙针的上下两端或者上端做直线绣

24 小花 2片

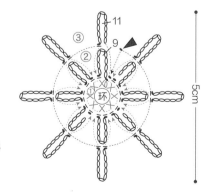

24 小花的配色表

标记	颜色
—	紫红色
—	嫩绿色

※第2圈重复"在第1圈的内侧半针里引拔、
9针锁针、在第1圈的内侧半针里引拔"。
第3圈重复"在第1圈的外侧半针里引拔、
11针锁针、在第1圈的外侧半针里引拔"。
（参照p.6）

组合方法

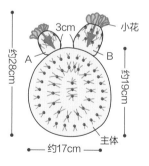

①在主体、A、B正面的指定位置做直线绣（嫩绿色）
②一边将主体的最后一圈做全针的卷针缝合，
一边塞入填充棉
③在A、B的指定位置缝上小花
④在A、B中塞入填充棉，缝在主体上

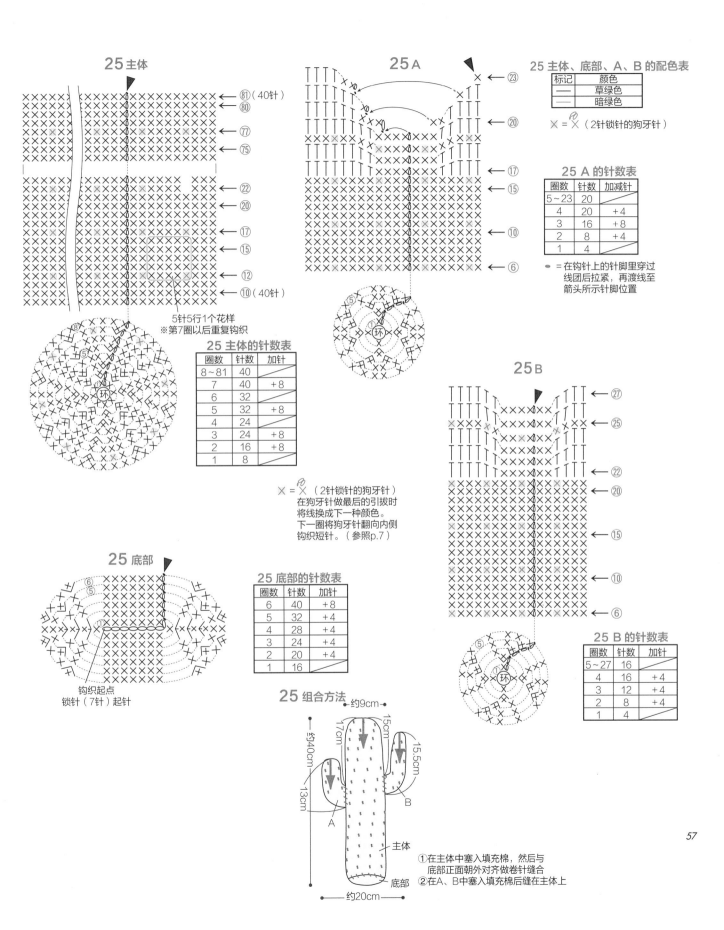

25 主体

←⑧①（40针）
←⑧⓪
←⑦⑦
←⑦⑤
←㉒
←⑳
←⑰
←⑮
←⑫
←⑩（40针）

5针5行1个花样
※第7圈以后重复钩织

25 A

←㉓
←⑳
←⑰
←⑮
←⑩
←⑥

25 主体、底部、A、B 的配色表

标记	颜色
—	草绿色
—	暗绿色

×＝×（2针锁针的狗牙针）

25 A 的针数表

圈数	针数	加减针
5～23	20	
4	20	+4
3	16	+8
2	8	+4
1	4	

●＝在钩针上的针脚里穿过线团后拉紧，再渡线至箭头所示针脚位置

25 主体的针数表

圈数	针数	加针
8～81	40	
7	40	+8
6	32	
5	32	+8
4	24	
3	24	+8
2	16	+8
1	8	

×＝×（2针锁针的狗牙针）
在狗牙针做最后的引拔时将线换成下一种颜色。
下一圈将狗牙针翻向内侧钩织短针。（参照p.7）

25 B

←㉗
←㉕
←㉒
←⑳
←⑮
←⑩
←⑥

25 B 的针数表

圈数	针数	加针
5～27	16	
4	16	+4
3	12	+4
2	8	+4
1	4	

25 底部

钩织起点
锁针（7针）起针

25 底部的针数表

圈数	针数	加针
6	40	+8
5	32	+4
4	28	+4
3	24	+4
2	20	+4
1	16	

25 组合方法

约9cm
17cm
15cm
15.5cm
约40cm
13cm
A
B
主体
底部
约20cm

①在主体中塞入填充棉，然后与底部正面朝外对齐做卷针缝合
②在A、B中塞入填充棉后缝在主体上

26、27、28　彩图　p.31

[准备材料和工具]

26： HAMANAKA Amerry L
<极粗>/白色(101)61g、黑色
(110)23g, 填充棉 适量
27： HAMANAKA Amerry L
<极粗>/黑色(110)77g、白色
(101)22g, 填充棉 适量
28： HAMANAKA Amerry L
<极粗>/粉红色(105)53g、
白色(101)48g, 填充棉 适量

钩针 8/0号

组合方法

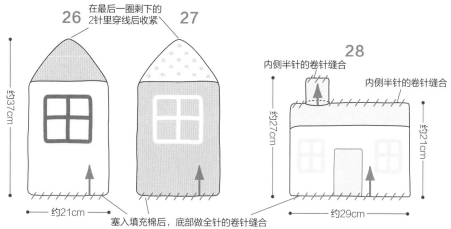

26　在最后一圈剩下的2针里穿线后收紧
27
28　内侧半针的卷针缝合
内侧半针的卷针缝合
约37cm
约27cm
约21cm
约21cm
约29cm
塞入填充棉后, 底部做全针的卷针缝合

26（短针的条纹针配色花样）

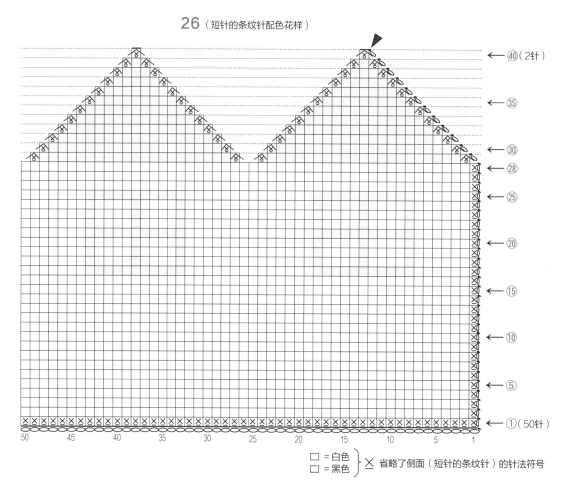

←㊵(2针)
←㉟
←㉚
←㉘
←㉕
←⑳
←⑮
←⑩
←⑤
←①(50针)

50　45　40　35　30　25　20　15　10　5　1

□ = 白色
□ = 黑色 } ╳ 省略了侧面（短针的条纹针）的针法符号

58

27（短针的条纹针配色花样）

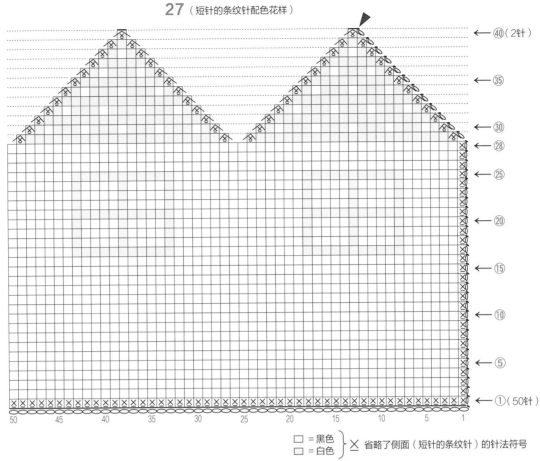

← ㊵（2针）

← ㉟

← ㉚
← ㉘

← ㉕

← ⑳

← ⑮

← ⑩

← ⑤

← ①（50针）

50　45　40　35　30　25　20　15　10　5　1

□ = 黑色
□ = 白色 } ╳ 省略了侧面（短针的条纹针）的针法符号

28（短针的条纹针配色花样）

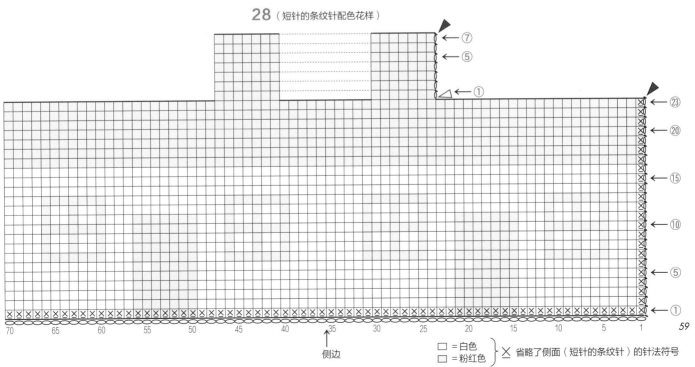

← ⑦
← ⑤

← ①

← ㉓

← ⑳

← ⑮

← ⑩

← ⑤

← ①

70　65　60　55　50　45　40　35　30　25　20　15　10　5　1

侧边

□ = 白色
□ = 粉红色 } ╳ 省略了侧面（短针的条纹针）的针法符号

钩针编织基础

[如何看懂符号图] 符号图均表示从织物正面看到的状态，根据日本工业标准（JIS）制定。钩针编织没有正针和反针的区别（除内钩针和外钩针外），交替从正、反面进行往返钩织时也用相同的针法符号表示。

从中心向外环形钩织时

在中心环形起针（或钩织锁针连接成环状），然后一圈圈地向外钩织。每圈的起始处都要先钩织起立针（立起的锁针）。通常情况下，都是看着织物的正面按符号图从右往左钩织。

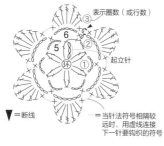

③ 表示圈数（或行数）

起立针

▼＝断线

＝当针法符号相隔较远时，用虚线连接下一针要钩织的符号

往返钩织时

特点是左右两侧都有起立针。原则上，当起立针（立起的锁针）位于右侧时，看着织片的正面按符号图从右往左钩织；当立针位于左侧时，看着织片的反面按符号图从左往右钩织。右边的符号图表示在第3行换成配色线钩织。

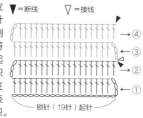

▼＝断线　▽＝接线

→④
←③
▽←②
←①

锁针（19针）起针

锁针的识别方法

锁针有正、反面之分。反面中间突出的1根线叫作锁针的"里山"。

正面

反面

里山

[带线和持针的方法]

1 从左手的小指和无名指之间将线向前拉出，然后挂在食指上，将线头拉至手掌前。

2 用拇指和中指捏住线头，竖起食指使线绷紧。

3 用右手的拇指和食指捏住钩针，用中指轻轻抵住针头。

[起始针的钩织方法]

1 将钩针抵在线的后侧，如箭头所示转动针头。

2 再在针头挂线。

3 从线环中将线向前拉出。

4 拉动线头收紧，起始针完成（此针不计为1针）。

[起针]

环

从中心向外环形钩织时（用线头制作线环）

1 在左手食指上绕2圈线，制作线环。

2 从手指上取下线环重新捏住，在线环中插入钩针，如箭头所示挂线向前拉出。

3 针头再次挂线拉出，钩1针立起的锁针。

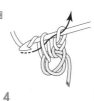
4 第1圈在线环中插入钩针，钩织所需针数的短针。

5 暂时取下钩针，拉动最初制作线环的线（1）和线头（2），收紧线环。

6 第1圈结束时，在第1针短针的头部插入钩针引拔。

从中心向外环形钩织时（钩锁针制作线环）

1 钩织所需针数的锁针，在第1针锁针的半针里插入钩针引拔。

2 针头挂线后拉出，此针就是立起的锁针。

3 第1圈在线环中插入钩针，成束挑起锁针钩织所需针数的短针。

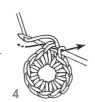
4 第1圈结束时，在第1针短针的头部插入钩针，挂线引拔。

往返钩织时

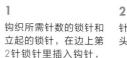

1 钩织所需针数的锁针和立起的锁针，在边第2针锁针里插入钩针，挂线后拉出。

立起的1针锁针

2 针头挂线，如箭头所示将线拉出。

3 第1行完成后的状态（立起的1针锁针不计为1针）。

[从前一行挑针的方法] 同样是枣形针，符号不同，挑针的方法也不同。
符号下方是闭合状态时，在前一行的1个针脚里钩织；符号下方是打开状态时，成束挑起前一行的锁针钩织。

在1个针脚里钩织

1

2

成束挑起锁针钩织

1

2

[针法符号]

锁针

1

钩起始针，接着在针头挂线。

2

将挂线拉出，完成锁针。

3

按相同要领，重复步骤1和2的"挂线，拉出"，继续钩织。

4

5针锁针完成。

引拔针

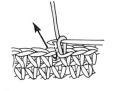

1

在前一行的针脚里插入钩针。

2

针头挂线。

3

将线一次性拉出。

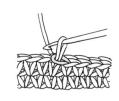

4

1针引拔针完成。

短针

1

在前一行的针脚里插入钩针。

2

针头挂线，将线圈拉出至内侧（拉出后的状态叫作"未完成的短针"）。

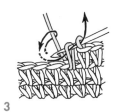

3

针头再次挂线，一次性引拔穿过2个线圈。

4

1针短针完成。

中长针

1

针头挂线，在前一行的针脚里插入钩针。

2

针头再次挂线，将线圈拉出至内侧（拉出后的状态叫作"未完成的中长针"）。

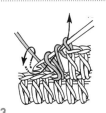

3

针头挂线，一次性引拔穿过3个线圈。

4

1针中长针完成。

长针

1
针头挂线，在前一行的针脚里插入钩针。再次挂线后拉出至内侧。

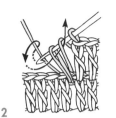
2
如箭头所示，针头挂线后引拔穿过2个线圈（引拔后的状态叫作"未完成的长针"）。

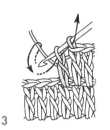
3
针头再次挂线，如箭头所示引拔穿过剩下的2个线圈。

4
1针长针完成。

长针1针分2针

※2针以上的情况，也按相同要领在前一行的1针里钩入指定针数的长针。

1
在前一行的针脚里钩1针长针。针头挂线，如箭头所示在同一个针脚里插入钩针后挂线拉出。

2
针头挂线，引拔穿过2个线圈。

3
针头再次挂线，引拔穿过剩下的2个线圈。

4
在前一行的同1针里钩入2针长针后的状态。比前一行多了1针。

 短针2针并1针 **短针3针并1针**

※（）内为3针并1针时的针数

1
如箭头所示在前一行的针脚里插入钩针，拉出线圈。

2
按相同要领从下个针脚里拉出线圈（3针并1针时再次从下个针脚里拉出线圈）。

3
针头挂线，一次性引拔穿过3（4）个线圈。

4
短针2针并1针完成。比前一行少了1（2）针。

 **短针1针分2针** **短针1针分3针**

1
在前一行的针脚里钩1针短针。

2
在同一个针脚里插入钩针，钩织短针。

3
短针1针分2针完成后的状态。短针1针分3针时在同一个针脚里再钩1针短针。

4
在前一行的1针里钩入3针短针后的状态，比前一行多了2针。

5针长针的爆米花针

※5针以外的情况，在步骤1钩织指定针数的长针，然后按相同要领钩织。

1
在前一行的同一个针脚里钩5针长针，接着暂时取下钩针，如箭头所示在第1针长针的头部以及刚才取下的线圈里重新插入钩针。

2
直接将线圈拉出至内侧。

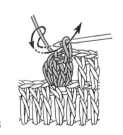
3
再钩1针锁针，收紧。

4
5针长针的爆米花针完成。

3针锁针的狗牙针

※3针以外的情况，
在步骤**1**钩织指定
针数的锁针，然后
按相同要领引拔。

1
钩3针锁针。

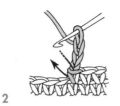

2
在短针头部的半针以及根部的
1根线里插入钩针。

3
针头挂线，如箭头所示一次性
引拔。

4
3针锁针的狗牙针完成。

短针的条纹针

※短针以外的条纹
针也按步骤**2**相同
要领，在前一圈针
脚的头部挑针钩织
指定针法。

1
每圈看着正面钩织。钩织1圈
短针后，在起始针里引拔。

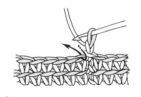

2
钩1针立起的锁针，接着在前
一圈针脚头部的外侧半针里挑
针钩织短针。

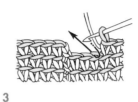

3
按步骤**2**相同要领继续钩织
短针。

4
前一圈的内侧半针呈现条纹状。
上图为钩织第3圈短针的条纹
针时的状态。

[**刺绣基础**]

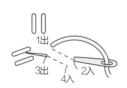

直线绣

回针绣

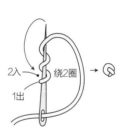

法式结

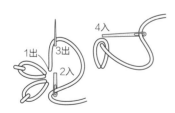

菊叶绣

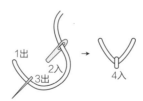

飞鸟绣

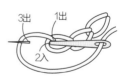

锁链绣

日文原版图书工作人员

图书设计	原辉美（Terumi Hara） 大野郁美（mill inc.）
摄影	小塚恭子（作品）
	本间伸彦（步骤详解、线材样品）
造型	川村茧美
作品设计	池上舞 大町真希（Maki Oomachi）
	冈真理子 河合真弓 川路由美子
	小松崎信子 芹泽圭子
编织方法说明、制图	木村一代 三岛惠子 村木美佐子
	森美智子 矢野康子
步骤解说	佐佐木初枝
步骤协助	河合真弓
编织方法校对	增子满（Michiru Masuko）
策划、编辑	E&G CREATES（薮明子 内田瑞耶）

原文书名：だっこあみぐるみ＆クッション
原作者名：E&G CREATES
Copyright © eandgcreates 2019
Original Japanese edition published by E&G CREATES.CO.,LTD
Chinese simplified character translation rights arranged with E&G CREATES.CO.,LTD
Through Shinwon Agency Beijing Office.
Chinese simplified character translation rights © 2021 by China Textile & Apparel Press

本书中文简体版经日本E&G创意授权，由中国纺织出版社有限公司独家出版发行。
本书内容未经出版者书面许可，不得以任何方式或任何手段复制、转载或刊登。

著作权合同登记号：图字：01-2021-2428

图书在版编目（CIP）数据

钩编圆滚滚的可爱玩偶抱枕／日本E&G创意编著；
蒋幼幼译. -- 北京：中国纺织出版社有限公司，2021.7（2024.5重印
ISBN 978-7-5180-3465-9

Ⅰ . ①钩… Ⅱ . ①日… ②蒋… Ⅲ . ①玩偶－钩针－编织－图集 Ⅳ . ① TS935.521-64

中国版本图书馆 CIP 数据核字（2021）第 067930 号

责任编辑：刘茸　　责任校对：王花妮
责任印制：王艳丽

中国纺织出版社有限公司出版发行
地址：北京市朝阳区百子湾东里 A407 号楼　邮政编码：100124
销售电话：010—67004422　传真：010—87155801
http://www.c-textilep.com
中国纺织出版社天猫旗舰店
官方微博 http://weibo.com/2119887771
北京华联印刷有限公司印刷　各地新华书店经销
2021 年 7 月第 1 版　2024 年 5 月第 3 次印刷
开本：889×1194　1/16　印张：4
字数：101 千字　定价：49.80 元

凡购本书，如有缺页、倒页、脱页，由本社图书营销中心调换